中国火箭

载"嫦娥"探月

宋海东 著 / 绘

童趣出版有限公司编　　人民邮电出版社出版

北　京

图书在版编目（CIP）数据

中国火箭. 载"嫦娥"探月 / 宋海东著、绘；童趣
出版有限公司编. -- 北京：人民邮电出版社，2023.4
ISBN 978-7-115-60781-2

Ⅰ. ①中… Ⅱ. ①宋… ②童… Ⅲ. ①月球探测器－
中国－少儿读物 Ⅳ. ①V4-49

中国国家版本馆CIP数据核字(2023)第025200号

著 / 绘：宋海东
责任编辑：边二华
责任印制：李晓敏
封面设计：韩　旭
排版制作：北京汉魂图文设计有限公司

编　　　：童趣出版有限公司
出　　版：人民邮电出版社
地　　址：北京市丰台区成寿寺路 11 号邮电出版大厦（100164）
网　　址：www.childrenfun.com.cn

读者热线：010-81054177　　　　经销电话：010-81054120

印　　刷：北京尚唐印刷包装有限公司
开　　本：710×1000 1/16
印　　张：3.25
字　　数：45 千字

版　　次：2023 年 4 月第 1 版　2023 年 5 月第 2 次印刷
书　　号：ISBN 978-7-115-60781-2
定　　价：25.00 元

这是属于 ——————— 小朋友的火箭书。

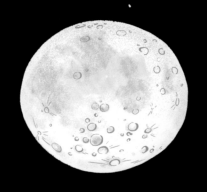

每年的中秋节（农历八月十五）晚上，一轮明月高悬在空中，全家人围坐在一起，边吃月饼，边谈论着嫦娥和玉兔奔月的神话故事。

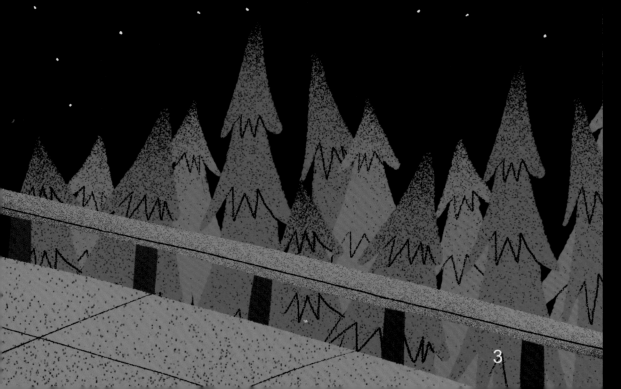

3

月亮与我们的生活息息相关。古人根据月相阴晴圆缺的周期性变化，确定了"月"的时间概念。

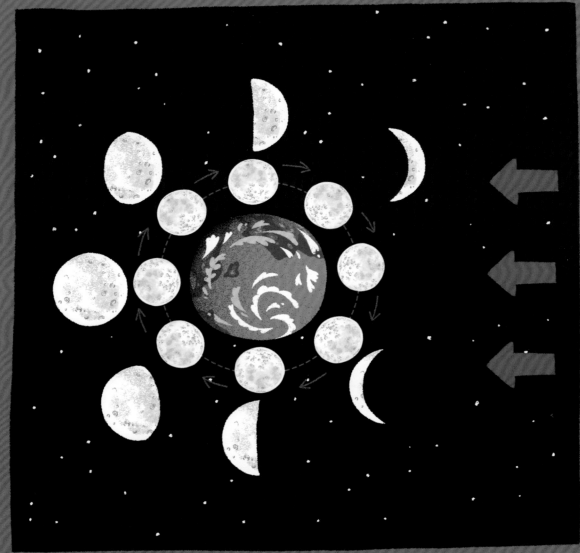

现在，我们对月亮的了解更加深入，比如，它是我们地球的天然卫星；它本身并不发光，它的光亮是反射的太阳光等。对了，用科学的叫法，应该称它为——月球。

月球引力和太阳引力的叠加作用，还会
让地球上的海洋产生涨潮和落潮的现象。

从古至今，人们都对神秘的月球充满了向往。

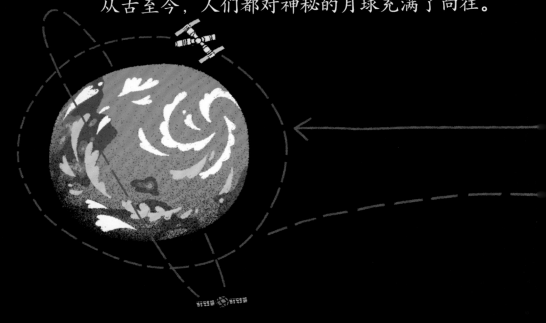

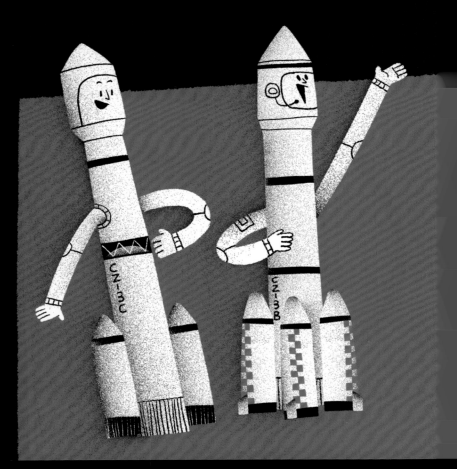

特别是近几十年来，人类通过发射火箭，不断
推送航天器飞临月球，去做更加深入的探索和研究。

平均距离 38 万千米

"探索月球
的使命就先交给
我们三兄弟吧！"

中国探月工程有一个非常
好听的名字，叫嫦娥工程。

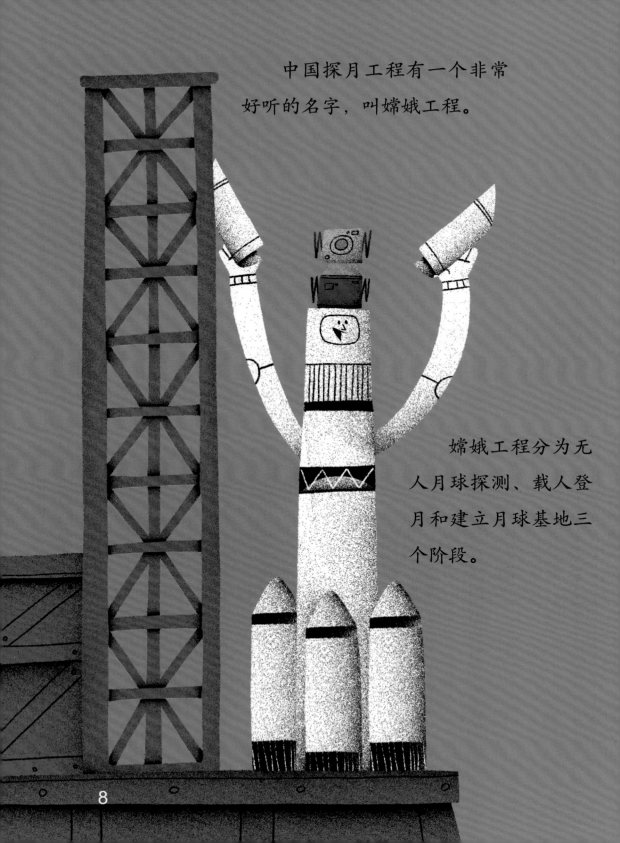

嫦娥工程分为无
人月球探测、载人登
月和建立月球基地三
个阶段。

中国探月工程（无人月球探测阶段）已圆满实施三步，可简单归纳为三个字：

在四川省的西昌卫星发射中心，
长征三号甲火箭即将启程。

10

这次，火箭家族的任务是载"嫦娥"奔月。当然，这里的"嫦娥"可不是神话传说中的嫦娥，而是我国自主研发的一系列探月航天器。

嫦娥一号在经历了变轨调整和 14 天的旅程后，终于到达了 38 万千米之外的月球。它开始试着进入月球轨道，绕着月球飞行。

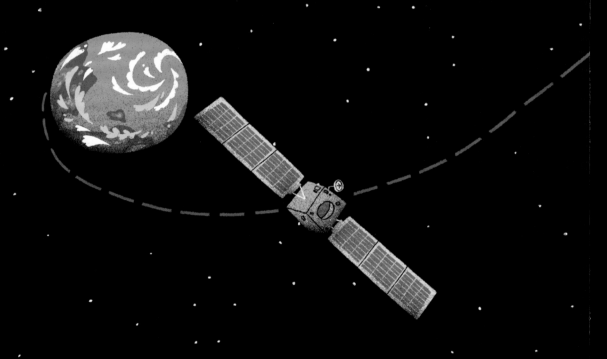

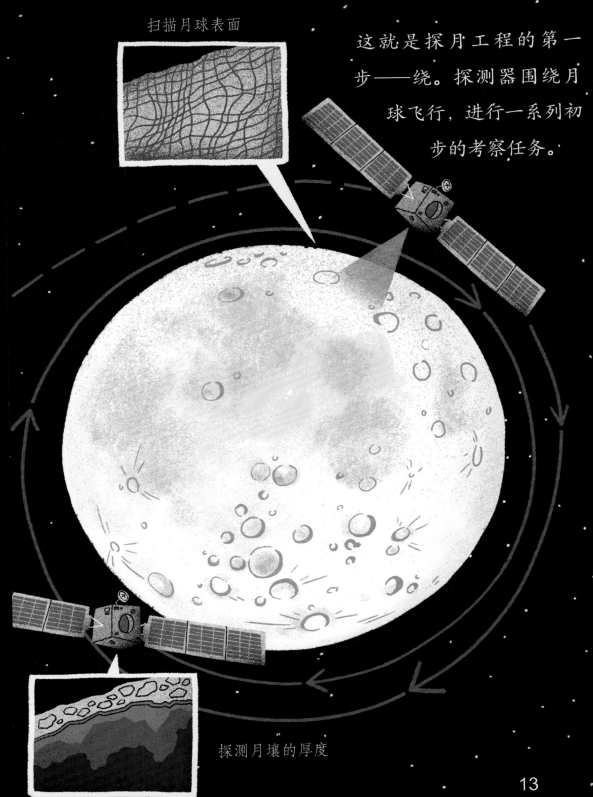

扫描月球表面

这就是探月工程的第一步——绕。探测器围绕月球飞行，进行一系列初步的考察任务。

探测月壤的厚度

13

一年多后，嫦娥一号完成了它的使命。它仿佛化身成了一颗流星，撞向月球的表面，并砸出一个小小的月坑。

不久之后，嫦娥二号同样顺利完成绕月考察。不同的是，它的最终使命是飞离月球，前往更深远的太空去考察小行星。

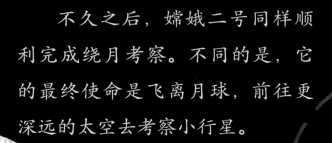

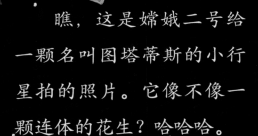

月陆

瞧，这是嫦娥二号给一颗名叫图塔蒂斯的小行星拍的照片。它像不像一颗连体的花生？哈哈哈。

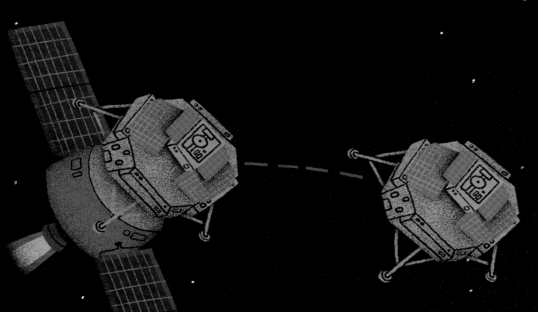

　　嫦娥三号、嫦娥四号完成了探月工程中的"落"。不同的是，它们一个降落在月球的正面，另一个降落在月球的背面。

注意：由于月球上没有大气层、没有空气，所以探测器的降落不能使用降落伞。

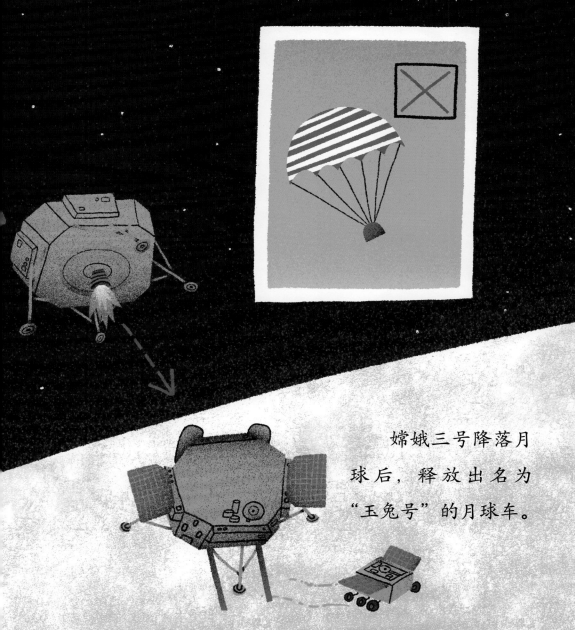

嫦娥三号降落月球后，释放出名为"玉兔号"的月球车。

嫦娥四号完成了一项
了不起的科技创举——降
落到了月球的背面，
这引起了全世界
的高度关注。

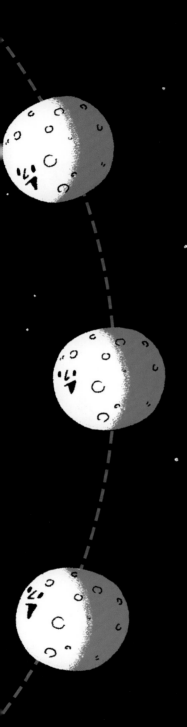

　　提到月球背面，不得不说到月球的一个神秘现象——月球绕着地球转，但是我们却只能看到月球的正面。它的背面从未有人看到过，探测器到达月球背面更是困难重重。

其中最大的难题是：由于月球正面的遮挡，在月球背面，任何仪器设备都无法直接与地球传递消息。

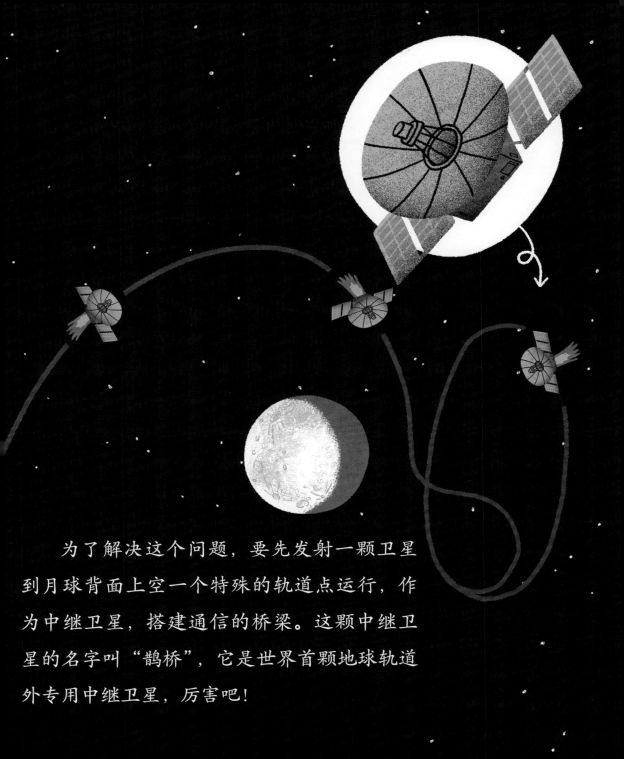

　　为了解决这个问题，要先发射一颗卫星到月球背面上空一个特殊的轨道点运行，作为中继卫星，搭建通信的桥梁。这颗中继卫星的名字叫"鹊桥"，它是世界首颗地球轨道外专用中继卫星，厉害吧！

有了中继卫星打前站，长征三号乙火箭开始运送嫦娥四号探测器登陆月球背面了！

登陆地点选在了月球的南极附近，那里有一个月球上最大、最深、最古老的盆地。科学家认为在那里，有可能隐藏着神秘的冰霜和太阳系最古老的秘密。

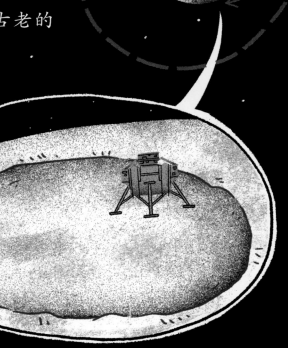

嫦娥四号着陆器释放出玉兔二号月球车。它们俩咔嚓咔嚓变换着角度互相拍照，惊艳了地球人。来瞧一瞧它们互相拍的照片吧！

玉兔二号的机械臂像人的手臂，
可以伸展和收回，只是动作比较慢。

让我们来好好看一看玉兔二号
月球车携带的装备吧!

它安装了先进的全景式相
机、测月雷达、红外成像光谱仪
和中性原子探测仪。

玉兔二号通过鹊桥中继卫星发回了一张照片，上面有一块石头看起来好像玉兔，这让工作人员惊叹不已。

120 摄氏度　　　　　　零下 180 摄氏度

　　玉兔二号的工作时间和工作环境，与在地球上有很大的差别。这是因为月球上的一天（看到太阳升起和落下）竟然相当于地球上的 28 天！而且，在有太阳光照射的白天，天气比开水还热；而在夜晚，比冰块还冷。

　　由于持续的动力来自太阳，玉兔二号采取白天工作、晚上休眠的工作方式。白天用太阳能电池板获取电力，晚上则用自带的"暖宝宝"抵御严寒，保护仪器。

现在，让我们和"嫦娥""玉兔"一起好好赏月吧。

这是月球的正面，有许多探测器曾经降落过这里。

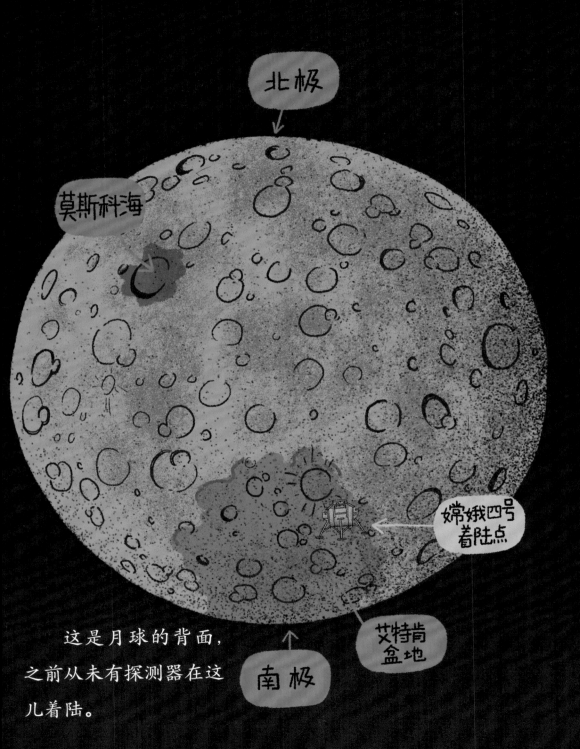

这是月球的背面，之前从未有探测器在这儿着陆。

探月工程第三步——回。这对于火箭家族
来说，又是一个不小的考验。

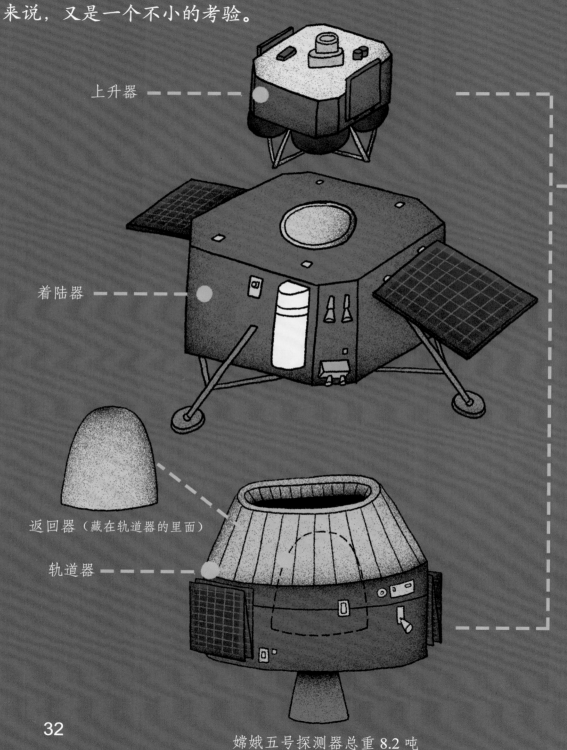

上升器

着陆器

返回器（藏在轨道器的里面）

轨道器

嫦娥五号探测器总重 8.2 吨

"上得去"容易，"回得来"却难了很多。这需要在遥远的月球上，将采集好的样本通过无人操作小型火箭重新升空再沿原路返回地球。

嫦娥五号探测器增加了新的结构，质量也增加了不少，这样的重任，必须请火箭家族的大力士——号称"胖五"的长征五号火箭出马了！

33

在月球表面，着陆器利用它的机械臂和钻孔，采集月球的土壤和岩石样本；随后上升器起飞，并将样本移入返回器中。

　　轨道器带着返回器折返地球，而上升器则坠入月球表面，和着陆器一起静静地目送它们的伙伴继续完成艰巨的任务。

　　在重新飞临地球后，轨道器与返回器分离，最终只有返回器带着宝贵的月球样本回到地球，受到人们的热烈欢迎。

来看看这一次月球采集回来的宝贵样品——将近 1.73 千克重的月球土壤。

科学家小心翼翼地对它们进行了研究，得出和验证了许多重要的成果。

月球的火山活跃期比人们原来认为的长了 10 亿年。

氦-3（一种清洁的新型核能源）在月球上广泛存在。将来用它发电，足够地球上的人们使用上千年！

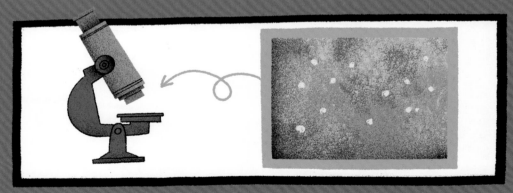

咦，月壤里怎么还有玻璃小球？难道这是外星人制造的吗？（在本书里找找答案吧。）

探月工程再接再厉，后面还有更艰巨、更宏大的任务等着呢！

绕
落
回

无人月球探测

载人登月

建立月球基地

长征火箭家族的接力棒也要不断传递下去。如果想要将航天员送上月球并返回，"胖五"也力不从心啊！

这是未来的巨型火箭——长征九号，它的身高超过 100 米，推力有 5 个"胖五"那么大。真是令人期待啊！

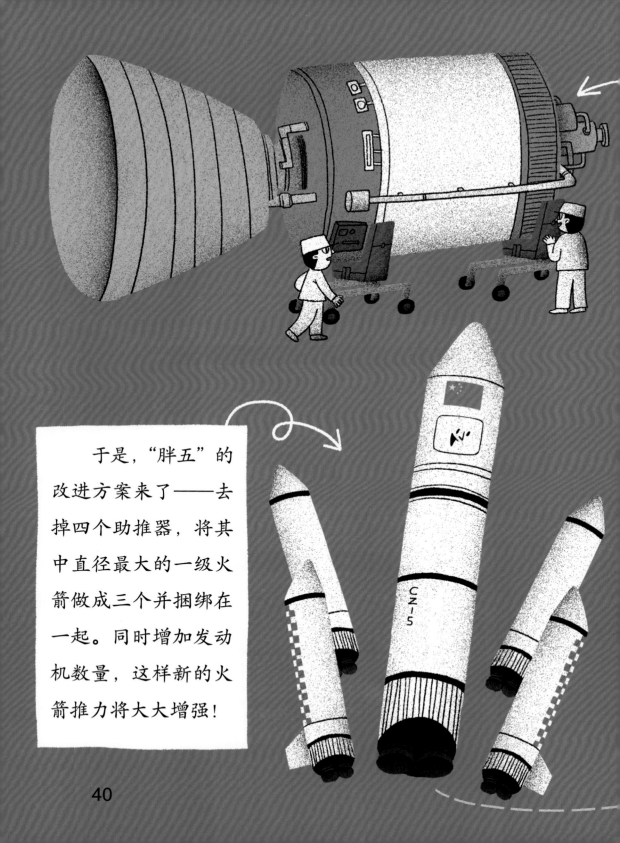

于是，"胖五"的改进方案来了——去掉四个助推器，将其中直径最大的一级火箭做成三个并捆绑在一起。同时增加发动机数量，这样新的火箭推力将大大增强！

终极大力神——长征九号在加紧研制中，但是探月工程不能停，中国载人登月的脚步不能停。

载人时别忘了戴上逃逸塔——这顶"帽子"哟。

新的火箭起名"长征十号"，未来的使命是先送货、再送人，最终实现中国载人登月的梦想。

CZ-10

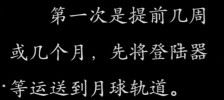

第一次是提前几周或几个月，先将登陆器等运送到月球轨道。

第二次是运送载人飞船，在月球轨道上完成对接后，航天员开始乘坐登陆器登陆月球。

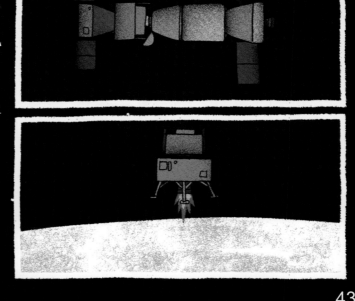

或许在不久的未来，我们就会自豪地说："瞧，我们中国人站在月球上啦！"

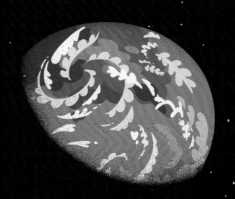

嫦娥工程将重新书写新时代的航天传奇，像嫦娥奔月的神话故事那样，一代代流传下去。

未来我们还可能在月球南极建立月球基地。

科普驿站

关于月球的起源，有以下不同的说法，你认为哪个是正确的呢？

1. 在太阳系形成初期，由这一区域的宇宙尘埃和物质聚集，形成了地球和月球。

原始地球

2. 原本在太空游走的一个天体，被地球的引力吸引过来，形成了月球。

原始地球

第 37 页答案：受太阳光的直射、陨石撞击产生的超高温，以及无水干燥的环境，使得月球表面沙粒中的二氧化硅成为许多的玻璃小球。

3. 原始地球以极快的速度旋转着，它强大的离心力将自身的一部分甩出去，形成了月球。

4. 一个天体撞击了地球，撞击产生的碎片形成了月球。

火箭课堂

长征火箭家族中不同型号的火箭，有着各自不同的使命。它们除了运载的推力不同、尺寸大小不同之外，请你仔细观察一下，它们还有哪些不同之处？

长征二号F火箭多了逃逸塔这个"帽子"和格栅翼这个"可以张开的翅膀"，这是载人运载火箭的标志。

长征二号E火箭多了四个捆绑助推器，推力大大增加，人送称号"长二捆"。

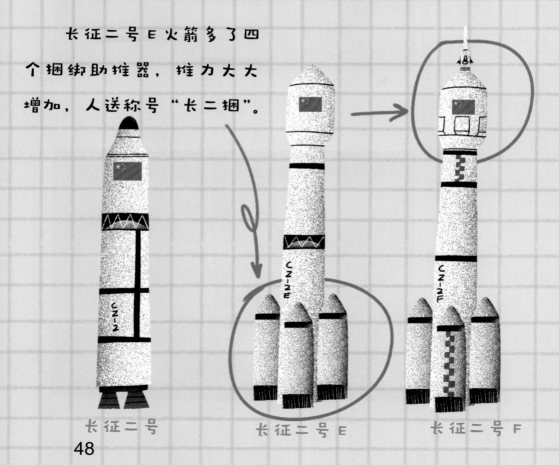

长征二号　　　　　长征二号E　　　　　长征二号F

48

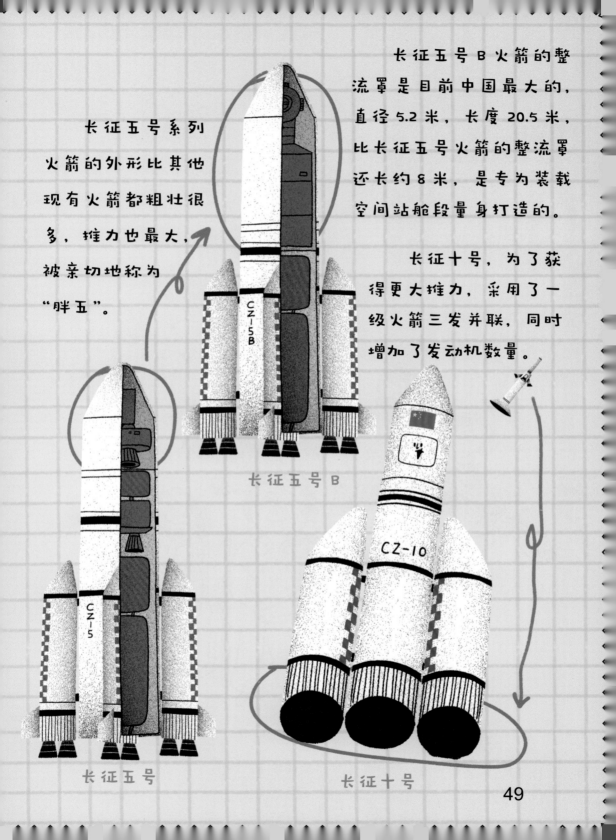

长征五号系列火箭的外形比其他现有火箭都粗壮很多，推力也最大，被亲切地称为"胖五"。

长征五号B火箭的整流罩是目前中国最大的，直径5.2米，长度20.5米，比长征五号火箭的整流罩还长约8米，是专为装载空间站舱段量身打造的。

长征十号，为了获得更大推力，采用了一级火箭三发并联，同时增加了发动机数量。

CZ-5B

长征五号B

CZ-5

长征五号

CZ-10

长征十号

后记——我和火箭的故事四

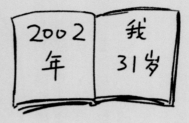

2002年　我31岁

大学毕业后，我和大多数人一样，工作、结婚、生子……瞧，这是我们的"全家福"！

在火箭制造厂，从事火箭总装相关的工作。

一起在研制火箭惯性导航的研究所上班。

我

姐

姐夫

在一个航天公司，从事火箭对外贸易相关的工作。

妻子

爸、妈

一起在研制火箭推进剂的研究所工作到退休。

女儿

外甥女

真是个"火箭世家"啊！